Пьер Ализэ

Знаменитая формула Эйнштейна $E = m{\cdot}c^2$

или

Истинное соотношение массы и энергии

Из книги
ВЫ НЕ УСТАЛИ ОТ ЗАБЛУЖДЕНИЙ?
ИЛИ ПАРАДОКСЫ В СОВРЕМЕННОЙ НАУКЕ

Выход за пределы системного мышления
Непривычный взгляд на привычные вещи

Обложка:
© Пьер Ализэ, 2019

Знаменитая формула Эйнштейна $E = m \cdot c^2$
или
Истинное соотношение массы и энергии

Из книги
ВЫ НЕ УСТАЛИ ОТ ЗАБЛУЖДЕНИЙ?
ИЛИ ПАРАДОКСЫ В СОВРЕМЕННОЙ НАУКЕ

Выход за пределы системного мышления
Непривычный взгляд на привычные вещи

Редакция: Ита Ализэ

Издательство: BoD · Books on Demand GmbH,
Überseering 33, 22297 Hamburg, bod@bod.de
Печать: Libri Plureos GmbH, Friedensallee 273,
22763 Hamburg
ISBN: 978-3-7693-6796-6

Знаменитая формула Эйнштейна $E = m \cdot c^2$

или

Истинное соотношение массы и энергии

Так называемая эквивалентность массы и энергии математически выражается уравнением $E = m \cdot c^2$. Между энергией E и массой m существует естественная закономерная связь, которая, однако, выходит за рамки пространственно-материального. До сих пор естествознание признает только пространственно-материальную составляющую этого процесса и пытается тот пробел реальности, который не удалось постичь, описать и заполнить с помощью концептуальных модельных представлений.

Известным примером эквивалентности массы и энергии является так называемое расщепление ядра, согласно которому атомное ядро элемента урана может распасться на несколько фрагментов, чья суммарная масса примерно на 0,1 % меньше массы исходного ядра. Выделяющаяся при этом энергия будет точно соответствовать этому уменьшению массы и может (при расщеплении соответственно большого количества вещества) проявиться, в частности, в виде взрыва (атомная бомба) или источника тепла (атомная электростанция).

Также эту модель частиц используют для дальнейшего объяснения, согласно которому лишь часть энергии протона в ускорителе частиц используется для ускорения частиц, остальная часть энергии увеличивает динамическую массу частицы. Чем быстрее она ускоряется, тем тяжелее становится. Если бы протон двигался почти с так называемой скоростью света, то вся добавляемая нами энергия увеличивала бы динамическую массу протона. Этот предполагаемый факт кратко выражен в уравнении Эйнштейна $E = m \cdot c^2$. Таким образом, материя может быть преобразована в энергию и наоборот. Более того, на основании этого уравнения можно сделать вывод, что ничтожно малое количество материи превращается в огромное количество энергии, поскольку так называемая скорость света – очень большое число. Это также позволит нам рассматривать солнце как источник энергии. На атомных электростанциях происходит то, что очень малая часть массы атомов урана преобразуется в полезную энергию с помощью нейтронов, которые, по-видимому, способны запускать цепные реакции. И наоборот, в ускорителе частиц из чистой энергии могут быть образованы различные мелкие частицы.

Поскольку Эйнштейн в свое время был вынужден двигаться исключительно в рамках пространственно-материального мира (его философские высказывания убедительно свидетельствуют о том, что его мышление не только базировалось на этот мир, но и уже давно постигло большую часть реальности[1]), он заявил, что энергия существует уже тогда, когда вещи имеют определенную массу. И эта энергия существует даже тогда, когда вещи находятся в состоянии покоя (энергия покоя).

Кроме того, преобладало мнение, что в результате так называемого деления атомного ядра с так называемым тяжелым

---

[1] «Я не пришел к пониманию фундаментальных законов Вселенной благодаря своему рациональному сознанию». Альберт Эйнштейн

ядром общая масса получившихся частиц будет весить немного меньше, чем исходное ядро, поскольку предполагалось, что недостающая масса могла быть преобразована только в энергию. Подробнее об этом позже.

С другой стороны, при термоядерном синтезе – процессе, который предположительно происходит на Солнце, – продукт, обозначенный как лёгкое ядро, меньше суммы его отдельных частей.

Что же следует из уравнения эквивалентности $E = m \cdot c^2$? Давайте рассмотрим отдельные компоненты подробнее. Для понимания закономерной связи, выражаемой этим уравнением, очень важно иметь четкое представление о том, что подразумевается под энергией **E** в левой части уравнения. Не менее важно правильно понимать, что мы находим в правой части уравнения, т.е. что есть масса **m** и что означает эта постоянная **c**, действительно ли это скорость света или это что-то другое.

Начнем непосредственно с последнего. Давайте осознаем: в начале движения материального объекта в пространстве всегда присутствует ускорение, независимо от того, насколько давно по времени было начало движения. **Если свет имеет постоянную скорость, что означает, что он никогда не ускорялся, то свет не может быть материей и, следовательно, не может двигаться, а тем более иметь какую-либо скорость. Ведь все, что имеет скорость, изначально было ускорено – это относится только ко всему материальному.** Постоянное в истинном смысле слова также означает вечное, нетленное. Так что свет – это нечто непространственное, нематериальное, а значит, вечное, нетленное. Свет всегда был и будет. Цитата из истории сотворения мира «Да будет свет» должна звучать точнее: свет становится ярким светом, потому что свет, который существовал всегда, воплощается как яркость, как нечто, наполненное светом, в определенный момент времени в пространственно-материальном мире (см. главу «Действительно ли радуга, спектр цветов радуги является следствием разложения света?», с. 120). Вечный свет проявляет себя и теперь манифестирует себя как яркость. А скорость, с которой это происходит — ее можно назвать быстрота становления или возникновения света в пространстве, — это постоянная **c** (**c** происходит от латинского celeritas – «быстрота»), которую до сих пор называют скоростью света, что, как мы видим, является совершенно запутанным, непонятным, неверным и неправдоподобным термином/понятием. Это не скорость света, а скорость воплощения, проявления и распространения или как бы расширения света в пространстве, рассматривая этот феномен от источника света, а не пространственный феномен. Движения здесь не происходит! Для движения необходимы две предпосылки, два условия: материальный объект и пространство, в котором этот объект движется. Свет не является материей, но он обладает способностью проявлять себя в пространстве определенным образом и с определенной быстротой. По сути, мы имеем дело с непространственным явлением внутри пространства. Проявление как «процесс возникновения» феномена (поставлены кавычки, потому что сами слова происходят из пространственно-материального мира) «происходит» в непространственно-нематериальном мире, результат которого манифестируется в пространственно-материальном мире. В двух словах, это и есть рождение света в мире.

В левой части уравнения мы находим энергию **E**, которая в общем измеряется в единицах массы Джоуль (Дж) в честь британского физика Джеймса Прескотта Джоуля (1818 – 1889) и по-разному выражается и обозначается в различных областях физики, например, 1J – это не что иное, как 1 Ватт-секунда (W·s) в электричестве или 1 Ньютон-метр (N·m) в механике и т.д. В этом контексте единица мощности ватт (W) восходит к Джеймсу Ватту, а единица силы Ньютон (N) – к Исааку Ньютону.

Если подходить к этому понятию с лингвистической точки зрения, то энергия **E**, исходя из постоянства существования первоначальной сущности (т.е. субъекта в отличие от объекта) как причины любого феномена/явления, логически следуя, есть способность определенной сущности выражать свою волю, чувства, мысли и действия в каждой конкретной ситуации. Это означает, что ее потенциал, который всегда присутствует в принципе, раскрывается, когда исходящий от нее волевой импульс становится силовым воздействием и, наконец, манифестацией. Это не что иное, как процесс совершения работы, благодаря которой происходит либо изменение в пространстве ($E = F·s$) – в этом случае преодолевается определенное расстояние s, которое можно измерить в единицах длины, – либо изменение тепла ($E = m·c^2$), причем последнее является результатом особенно мощного импульса. А **импульс – это всегда волевой импульс, который возникает либо извне**

через видимое существо (воплощенное существо), либо изнутри (от невоплощенного духовного существа); поэтому импульс в конечном счете всегда вызывается существом и не может исходить от чего-то, не являющимся существом. Во многих случаях импульс передается через материальный объект как носителем информации, например, в виде инструмента; однако сам импульс всегда изначально исходит от духовной сущности, будь то видимой или невидимой. Энергия этой сущности в конечном счете проявляется здесь, в пространстве, как определенное силовое воздействие **F** на материальные объекты, которые вследствие этого приходят в движение и, тем самым, преодолевают определенное расстояние **s** или, как во втором случае, изменяются в своей массе **m**.

Внутренняя связь между энергией **E**, массой **m** и постоянной **c** не представлена формулой и не является полностью транспарентной. Аналогичным образом, известная из механики связь между энергией **E**, силой **F** и расстоянием **s** ($E = F{\cdot}s$) не является достаточно прозрачной.

Чтобы лучше понять феномен, выражающий взаимосвязь в уравнении $E = m{\cdot}c^2$ — то есть феномен, который лишь частично происходит в пространственно-материальном мире, а в основном в непространственно-нематериальном, — мы приблизимся к нему через другой феномен из механики, который в основном наблюдается в пространственно-материальном мире, и который представлен формулой $E = F{\cdot}s$. Точно так же, как понимание одного (нематериального) феномена основано на понимании другого (материального) феномена, для того чтобы вообще развить ту или иную духовную способность, в качестве основы для понимания требуется та или иная базовая способность. Поскольку способность познать пространственно-материальный мир уже была приобретена многими в нынешнюю эпоху и привела к развитию логического мышления, то теперь эта способность может принести нам пользу или помочь нам познать также и непространственно-нематериальные феномены, и таким образом достичь истинного осознания феномена, представленного через уравнение $E = m \cdot c^2$.

Строго говоря, развитие способности к логическому мышлению происходит в три этапа, причем отдельные этапы незаменимо выстраиваются друг на друге. Сначала логическое мышление упражняется/отрабатывается на примере пространственно-материального мира. Через некоторое время пространственно-материальный мир начинают абстрагировать, опуская все, кроме супраиндивидуальной формы (например, рассматривая стол просто как прямоугольник), и продолжают упражнять на основе этой изначально развитой логики абстрактное мышление. И только тогда весь пространственно-материальный мир может быть мысленно опущен и лишь теперь возможно логическое мышление в непространственно-нематериальном. Проникнуть, подняться непосредственно к этой последней способности без подготовки невозможно.

Давайте начнем в нашем познавательном процессе в уравнении $E = F \cdot s$ прежде всего с самых основ пространственно-материального мира, т.е. перейдем на первый уровень, прежде чем легко и естественно поднимемся на более высокие уровни понимания энергии и силы, в которых уже имманентно присутствует духовный мир.

Последнее очень важное предуведомление о математическом представлении физических законов уравнениями, поскольку в математике существует довольно много путаницы в этом отношении. Сейчас я хотел бы прояснить кое-что принципиальное в отношении использования знака умножения при умножении и знака деления при делении, в частности, когда используется двоеточие и когда используется дробная черта. Строго говоря, знак умножения может ставиться только, когда речь идет о многократном и ни в коем случае, как я объяснял в главе «Школьные годы чудесные: задачка с сыром» (с. 20), в контексте, где таким образом «яблоки» умножаются на «груши». Это нонсенс. Аналогично и со знаком деления. Коэффициент деления – это не то же самое, что знаменатель. Мы можем разделить только что-то конкретное, например расстояние, на две или более частей, и никогда не можем делить «яблоки на апельсины», т.е. конкретное на конкретное. Очень важно понимать это, если мы хотим сохранить ясность. Видите, как легко понять истину и как незаметно она становится абсурдной, когда человек пытается сделать реальность «приготовленной по вкусу» или «подходящей для интеллекта», через созданный нами мир искусственных формул втискивать естественные процессы в искаженную реальность математических равенств, делая это с самыми лучшими намерениями, и тем самым бессознательно выражая свою несостоятельность именно в том, что делает невозможное возможным, например, разделяя камни на металл или стол на стулья...!

Удивительно, не правда ли! Теперь вы понимаете, почему в школе так часто приходится зубрить, постоянно повторять, запоминать и отрабатывать материал, даже когда кажется, что он уже понят, — потому что в таких случаях речь идет всего лишь о неестественных шаблонах, искусственных идеях и рекомендациях, которые должны быть искусственно навязаны ученикам по принуждению, как нечто противоестественное, против их воли и природы. А как еще можно объяснить то, что молодые люди с очень хорошей и цепкой памятью уже третий год подряд забывают, например, как пользоваться «Правилом трех данных» (когда из трех данных необходимо вычислить четвертое значение), о чем мне не раз говорили мои коллеги-учителя. Слава Богу, что такое искажение не остается в памяти учеников, а вновь духовным заглушается в неосознанном акте сверхсознания, потому что эта мнимая потеря памяти на самом деле является признаком духовного здоровья! Только подумайте, сколько времени (годы!) занимает одна только эта интеллектуальная «начинка фуа-гра», как широко распространен этот вид (я называю его по аналогии с нанесением телесных повреждений) душевным повреждением, парализующим связь человека с его духовным началом, низводящим его до искусственного интеллекта робота и калечащим его в массовом порядке до аутистов. Тогда как сохранение и развитие естественного мышления можно принимать как легкоусвояемую пищу и, тем самым, может быть легко перевариваемую и даже более чем интегрированную, которая может быть полностью включена (инклудирована)!

Последствия этого отхода от того, что дано природой, взрослый ученый может увидеть на примере показательного и якобы небольшого применения математических символов к физической реальности. Взрослые не только больше не замечают неестественного и не защищаются от интеллектуально-неудобоваримого, потому что уже вобрали в себя слишком много и очерствели, но и наоборот: устоявшийся авторитет науки позволяет им верить ей беспрекословно. Однако если мы хотим и готовы в высшем смысле не противиться естественным законам, а позволить им свободно течь, то нам не составит труда исправить, выправить то, что связано с этой темой. Итак, в каких случаях следует использовать дробную черту «/» вместо знака деления «:»? Есть два разных случая, которые позволяют это сделать. Первый – это когда мы хотим сравнить что-то однотипное или подставить его в соотношение, например, вопрос о том, как 40 кг чего-то конкретного соотносятся с 5 кг того же самого. Другой случай – когда мы хотим выразить, например, сколько метров проходит объект за одну секунду или какая сила должна быть приложена, чтобы переместить объект на определенное расстояние.

Можно преобразовать формулу $E = F{\cdot}s$ обычным способом, и тогда она будет выглядеть так, что связь между этими тремя величинами сразу станет очевидной и гораздо более простой для понимания:

$F = E/s$ (ни в коем случае писать $F = E{:}s$, потому что это отношение, а не деление!!!).

Не заблудившись в абстракциях, как это часто бывает, мы можем легко вернуться к реальности с помощью этой формулы. Здесь мы видим, что сила **1N** есть не что иное, как количество энергии **1J**, необходимое для приведения тела в движение на расстояние **1m**.

Мы можем сделать эту зависимость еще более прозрачной и показать, как мы пришли к этой формуле. Для этого давайте подробнее рассмотрим развитие/становление этого уравнения.

Для того чтобы объект прошел определенное расстояние **s** или вообще начал двигаться, на него должна действовать определенная сила **F**. Однако это силовое воздействие невозможно без сущности, которая способна его осуществить. Поэтому видно, что сила не первична, а вторична. Первичным фактором здесь является энергия как способность/могущество/потенциал/состояние/ресурс сущности.

Известно, что для того, чтобы привести объект в движение на определенное расстояние **s**, требуется определенное количество энергии, т.е. определенный потенциал сущности для этого. Для того чтобы переместить тот же объект на расстояние **s = 1m**, требуется определенное количество энергии. Эта энергия как потенциал сущности проявляется в пространственно-материальном мире как феномен, возникающий в результате изменения или преобразования, вызванного силовым воздействием этой сущности.

Сказанное можно сформулировать в виде пропорциональности, из которой по «Правилу трех составляющих/данных/связей» можно вычислить каждую из неизвестных составляющих:

- пройденному расстоянию **s** соответствует определенная

энергия E;

- начальное пройденное расстояние $s_0 = 1m$ соответствует определенной начальной энергии E_0;

- начальное расстояние s_0 соотносится к пройденному расстоянию s так же, как начальная энергия E_0 соотносится к затраченной энергии E.

Это можно записать в виде следующего уравнения:

$s_0 / s = E_0 / E$ или $1\ m/s = E_0 / E$

Отсюда мы можем легко преобразовать это уравнение так, чтобы сила, действующая в процессе, стала видимой:

$E_0 / 1m = E/s$

Сила F есть первоначальная энергия E_0, которая при переходе из обычно не воспринимаемого нами непространственно-нематериального мира в более знакомый пространственно-материальный при проявлении волеизъявления сущности (феномена) становится силовым действием, необходимым для приведения объекта в данном случае в движение на $s_0 = 1м$. И эта сила имеет единицу измерения Дж (Джоуль) на 1м, а потому мы можем записать ее следующим образом: J/m, что означает, что J на 1м равна силе N (Ньютон), то есть $E_0 / 1m = F$.

Таким образом, общая формула выглядит следующим образом:

$F = E/s$

Силовое (воз)действие — это результат волеизъявления сущности, который, в свою очередь, возможен только благодаря основополагающему потенциалу этой сущности.

Давайте рассмотрим разницу на примере. Например, в здоровом состоянии я обладаю латентной способностью/могуществом тянуть санки или толкать коляску, т.е. потенциальной возможностью/потенциалом выражать свою волю, тянуть или толкать таким образом, чтобы эти процессы происходили. В конкретной ситуации, когда я решаю совершить то или иное действие/акт, через меня проявляется соответствующее силовое действие и манифестируется в пространственно-материальном мире.

Формулу **F = E/s** (F равно E pro s) можно теоретически преобразовать так, что она будет выглядеть следующим образом: **E = F·s** или также **s = E/F**. Теперь становится совершенно ясно, что, подобно знаку деления, который может использоваться для выражения деления (операция деления) или отношения (дроби) (которые я консеквентно обозначаю двоеточием или косой чертой, в зависимости от случая, для лучшей дифференциации), знак умножения также может использоваться для выражения многократности, а также для другого типа отношений между отдельными компонентами по одну сторону уравнения. Как мы знаем, умножение обычно всегда означает многократное чего-то конкретного в реальном мире с помощью коэффициента умножения, который представляет собой частоту многократности. Такой тип отношений между компонентами описывается «умножением». Однако в случае с F·s мы имеем дело не с многократностью, так что умножение в реальном смысле невозможно, поскольку вы не можете умножить Ньютон на метр, так же как вы не можете умножить вышеупомянутые «яблоки на груши». В современной физике из-за отсутствия понимания истинных взаимосвязей и расстояние, и сила просто объявляются коэффициентами умножения по мере необходимости – неознанно, в соответствии с девизом «Что не подходит, то подгоняется». Разумеется, уравнение $E = F \cdot s$ можно использовать в практических целях, хотя мы всегда должны помнить о недостаточном понимании того, что мы делаем. До сих пор истинная природа многих математических законов вообще еще не известна и поэтому не принималась во внимание, что имело далеко идущие последствия для, в основе своей, естественной способности познания, утраченной мотивации и развития свободной воли миллионов учеников, не говоря уже о претензии на правдивость самой науки. Ведь теперь –– если мы снова обратимся к единицам измерения – мы увидим, что там, где 1 джоуль якобы равен 1 ньютону, умноженному на 1 метр, 1 ньютон-метр вообще не может существовать, но 1 ньютон необходим, чтобы (final/финал) проложить 1 метр, потому что, строго говоря, энергия в 1 джоуль есть не что иное, как сила в 1 ньютон, которая необходима для перемещения объекта на расстояние в 1 метр.

Интересен тот факт, что, несмотря на отсутствие условий умножения, можно вычислять с помощью самих чисел и получать правильный результат. Но мы, как ученые, не можем этим довольствоваться. С помощью базового метода чистого восприятия и на нем базирующегося логического мышления мы можем ясно познать и признать, что здесь мы имеем дело с другим типом отношений между компонентами. Каково же отношение между F и s в этом уравнении, если оно не может быть умножением? Применим базисный метод, т.е. обратимся к реальным условиям. Мы наблюдаем пространственное изменение в пространстве, а расстояние **s** выражает величину этого изменения. Само изменение приводит нас к логическому выводу, что это изменение должно быть вызвано действием сил. Силовое же действие имеет начало, но не то, что можно наблюдать в пространстве, а то, что имеет свое начало не в пространстве, а в непространственно-нематериальном. И это изменение, как и всякое изменение, рождается из импульса, точнее, импульсом воли, который логически не может быть безсущностным. Мы помним: энергия – это способность/могущество/потенциал сущности выражать свою волю, после чего возникает силовой действие, которое можно наблюдать как пространственное изменение. Сила есть воля, ставшая видимой.

Мы снова находим эту связь в двух сторонах уравнения; они находятся в таком же отношении друг к другу, в каком непространственный-нематериальный мир находится к пространственному-материальному миру. Поэтому мы не можем понять правую часть уравнения, взаимосвязь между **F** и **s**, без другой стороны уравнения, которая представляет лишь энергию. В то же время, в более глубоком смысле, это означает, что мы не можем понять пространственно-материальный мир без непространственно-нематериального мира (обычно в этот момент непространственно-нематериальный мир заменяется концептуальной моделью).

То, чего раньше не было (только существовало как потенциал, для пространственно-материального мира это ничто), - энергия, которую нельзя воспринять непосредственно внешними органами чувств, а можно лишь косвенно определить через правую часть уравнения, равна тому, что можно наблюдать как процесс во внешнем пространстве.

Речь идет об энергии **E**, как об истинном начале процесса (основанном на способности/могуществе/потенциале сущности), в котором сила **F** как силовое (воз)действие приводит к изменению в пространственно-материальном мире, вызванному непространственно-нематериальным миром, т.е. это путь, который в конечном итоге приводит к изменению расстояния **s**. Целью этого пути, т.е. результатом этого процесса, является изменение длины, расстояния **s**, будь то по отношению к положению объекта в пространстве или по отношению к объекту через изменение формы. То, как эти три компонента соотносятся друг с другом, показывает нам, что **E** эквивалентно **F·s**, что начало соответствует пути к цели, включая саму цель, или, говоря более общим языком, что первоисточник содержит процессы вместе с их результатами, подобно тому, как невидимое нашему глазу семя, покоящееся в земле, содержит все будущее растение.

В отношении силы **F** и расстояния **s**, как мы видим, мы имеем дело не с аналогичными/однотипными феноменами, а в их глубочайшем смысле со становлением и превращением акта творения, причем только в смысле изменения того, что уже существует, а не нового творения.

Действие сил ведет к изменению, направлено на изменение, из которого мы можем сделать вывод о финальности. Отношение между **F** и **s**, таким образом, выражает направленность, имеющую конечную цель, и именно поэтому эти два компонента, строго говоря, не могут быть заменены произвольно (здесь не может быть применен коммутативный закон). Поэтому я предлагаю обозначить терм[2] F·s как F final s, чтобы характеризовать природу знака «умножения» в данном случае. В уравнении **F = E/s** (F равно E pro s) мы видим связь между способностью/могуществом/потенциалом и манифестацией, поэтому и говорим о «pro». Действие сил равно необходимой способности/могущества/потенциала сущности, чтобы вызвать определенное пространственное изменение, которое можно измерить как **s**.

Если мы снова обратимся к преобразованию уравнения в **s = E/F**, то станет понятно отношение принадлежности: энергетический потенциал, необходимый для проявления определенной силы, которую мы можем обозначит, например, с помощью латинского ad «to» (на английском). Пространственное изменение в виде расстояния соответствует энергии, необходимой для развития определенного действия сил.

Я уверен, что вы заметили, как при более пристальном рассмотрении отношений между компонентами математика снова становится одушевленной и восстанавливается истинная роль ученого, поскольку только ОН, как одушевленное существо, способен судить о том, какие отношения существуют в уравнении, отношения, которые никогда не сможет распознать компьютер, поскольку они исходят из истинного бытия. Сегодня в физике мы либо получаем качественные результа-

---

[2] Похожим образом, как формула в математической логике обозначает математический факт, так и терм обозначает математический объект. Термы, в частности, являются компонентами формул.

ты, либо теряемся в концептуальных модельных представлениях. Либо получаем количественные результаты с помощью математизации, когда формулы превращаются в нечто чисто схематическое, что позволяет нам лишь извлекать практическую пользу из физики, не понимая, что мы на самом деле делаем. Теперь можно спросить – чем же лучше живая и одушевленная математика. По сути, ответ ничем не отличается от вопроса о том, какие фрукты и овощи я предпочел бы есть – натуральные или искусственные. Итак, вы видите, что современная математика очень далека от реальности, чисто функционально направлена и буквально мертва. Роботизированные приложения все больше и больше захватывают власть/управление, пока мы, люди, видимо, не будем полностью заменены и не станем ненужными. Уже одно это говорит о том, что мы на самом деле живые, одушевленные существа, потому что иначе в этом пространственно-материальном мире были бы только мертвые вещи/объекты... и нас бы здесь не было! И вы любите свое домашнее животное не потому, что у него есть тело, а потому, что это тело получает свою жизнь через одушевленную сущность.

Чтобы понять, как мы пришли к связи между энергией, массой и так называемой скоростью света, мы сначала рассмотрели связь между энергией, силой и расстоянием, потому что в этом случае мы имеем дело с феноменом, который можно легко наблюдать и анализировать в пространственно-материальном мире. Теперь продолжим наши рассуждения на эту тему. Наши намерения – выяснить, как вообще можно прийти к уравнению $E = m \cdot c^2$. Поскольку эта формула очень похожа на формулу $E_{Kin} = (m \cdot v^2)/2$, мы можем предположить, что путь к первой формуле ведет через вторую.

Поэтому в этой главе я буду, как обычно, проводить графическое различие между двумя видами энергии и обозначать кинетическую энергию E_{Kin}. Под кинетической энергией я понимаю способность/могущество/потенциал «Я» (только существо/сущность может иметь «Я») вызывать пространственные изменения, посредством которых реализуется изменение положения и/или формы объекта.

(Для более точного понимания этого понятия см. главу «Ошибочное представление понятия энергии» начиная со стр. 65)

Теперь, когда мы проанализировали отношения между компонентами уравнения и определили расстояние s как результат феномена в пространственно-материальном мире, для человека с феноменалистическим взглядом на мир (как это было, например, у Гете, и что можно точно распознать в его работах) совершенно естественной потребностью его процесса поиска истины будет не удовлетворение достигнутым формальным результатом, а вопрос о том, как это произошло, как то, что стало таким, именно таким стало и как, — очень важно познать процесс становления. Процессуальное в современном мире игнорируется, даже регулярно и, возможно, бессознательно подавляется в угоду практическим преимуществам результата. Развитие, расцвет феноменалистического мировоззрения в науке необходим для понимания полной реальности без необходимости прятаться в концептуальных моделях, а также стало бы благословением для освобождения от всепроникающей зависимости от результатов. Феноменалистическое мировоззрение является одним из многих мировоззрений, которые долгое время игнорировались – включая, например, сенсуализм, психизм, пневматизм, спиритуализм и монадизм – подобно забытым членам семьи, чья естественная ценность и незаменимая необходимость не признаются, хотя они открывают нам глаза на целостность.

Поэтому мы посвятим себя исследованию изменений в пространственно-материальном мире в виде расстояния s, чтобы выяснить, как выглядит процесс перехода из исходного состояния в созданное. Расстояние s для ускоренного движения рассчитывается в физике по следующему непостижимому уравнению:

$s = s_0 + v_0{\cdot}t + (a{\cdot}t^2)/2$, где v – скорость, a – ускорение, а t – время.

Ускоренное движение может быть вызвано только силовым воздействием, которое по непонятным мне причинам вообщем не осознанно в физике. Рассматривая энергию с математической точки зрения, мы всегда должны начинать с нулевой точки, а именно, с того места, где начинается ускорение. Однако, поскольку начальная ситуация $s_0 + v_0{\cdot}t$ в нашем случае не содержит никаких компонентов, имеющих отношение к энергии (силовому воздействию или ускорению), а является лишь своего рода предысторией к реальной ситуации, начальное расстояние s_0 и начальная скорость v_0 равны нулю и здесь опущены. Таким образом, уравнение выглядит следующим образом:

$s = (a{\cdot}t^2)/2$

Однако в том виде, в каком формула выглядит сейчас, все равно невозможно получить четкое представление о реальном процессе. Откуда взялась двойка в знаменателе? Что может означать квадрат времени t? Что такое, например, квадратные минуты, т.е. определенное время **t** в квадрате? Это просто нонсенс (см. наши рассуждения о коэффициенте умножения выше). Я могу представить себе нечто подобное только в театре-кабаре. А потом что-то вроде ускорения **a**, умноженного на время **t** в квадрате, – это просто путаница и всего лишь формула, которую можно очень хорошо использовать на практике, но не понимая истинного смысла реального процесса.

Скептик может справедливо заметить, что в случае **F·s** невозможность умножения была установлена из-за отсутствия коэффициента умножения, и тогда связь между компонентами была выяснена как финальная/конечная. В случаях **v·t, a·t и t·t** также имеются такие чисто формально математически вычисляемые произведения. С какими отношениями в содержании мы здесь имеем дело? Давайте разберемся в этом и в их происхождении для более глубокого математического и философского понимания. Для этого мы рассмотрим историческое развитие предшествующих преобразований нашего уравнения и вневременное измерение этих отношений:

$$s = v{\cdot}t = v_{mittlere}{\cdot}t = ((v_0 + v)/2){\cdot}t = (v_0{\cdot}t + v{\cdot}t)/2 = (0{\cdot}t + v{\cdot}t)/2 =$$
$$v{\cdot}t/2 = ((a{\cdot}t){\cdot}t)/2 = (a{\cdot}t{\cdot}t)/2 = (a{\cdot}(t{\cdot}t))/2 = (a{\cdot}t^2)/2$$

$$s = v{\cdot}t$$

... выражает равномерное движение, при котором скорость постоянна. Пройденное расстояние соответствует определенной скорости за определенное время. В своем самом глубоком и общем значении связь между термами этого уравнения выражает сущность пространства и (секундарного/вторичного) времени, а именно движение. Движение есть процесс, движение есть возникающее изменение в течение определенного времени в виде чего-то становящегося, которое становится чем-то ставшим. Это ставшее есть расстояние, т.е. изменение, произошедшее по истечении определенного времени. Поэтому мы читаем для знака умножить: расстояние **s** равно скорости **v** в (**in** на английском) течении времени **t**.

$$v \cdot t = v_{средняя} \cdot t$$

При ускоренном движении скорость меняется, поэтому мы имеем дело со средней скоростью.

$$v_{средняя} \cdot t = ((v_0 + v)/2) \cdot t$$

Половина суммы в уравнении соответствует вычислению средней скорости. Тем самым мы выяснили происхождение числа 2 в знаменателе.

$$((v_0 + v)/2) \cdot t = (v_0 \cdot t + v \cdot t)/2$$

Это все еще иллюстрирует реальные причины, дальше мы придем через преобразование обратно к терму **v·t**, причем расстояние **s** снова становится видимым.

$$(v_0 \cdot t + v \cdot t)/2 = (0 \cdot t + v \cdot t)/2$$

Поскольку начальная скорость в нашем случае равна нулю...

$$(0 \cdot t + v \cdot t)/2 = v \cdot t/2$$

... она выпадает из уравнения.

$$(v \cdot t)/2 = ((a \cdot t) \cdot t)/2$$

Скорость выражается таким образом, что в нее включается ускорение.

$$((a \cdot t) \cdot t)/2 = (a \cdot t \cdot t)/2$$

Здесь мы видим яркий пример преобразования, которое математически возможно с чисто формальной точки зрения, но неверно с точки зрения содержания! В естественном мире форма всегда соответствует содержанию. Это закон, который всегда важнее, чем абстрактное заблуждение в формулах. Умножение без коэффициента умножения имеет смысл только в том случае, если выяснен характер отношений между компонентами. Умножение компонента на самого себя, как в случае со временем (время умножит на время), не имеет смысла в любом случае.

$$(a \cdot t \cdot t)/2 = (a \cdot (t \cdot t))/2$$

То, что здесь происходит, граничит едва не с беспорядочным переносом скобок.

$$(a \cdot (t \cdot t))/2 = (a \cdot t^2)/2$$

Вот последовательный результат калечения.

Если сравнить этот последний шаг с тем, где в уравнении появляется ускорение, то можно увидеть, что содержание было проигнорировано и утеряно:

$$((a \cdot t) \cdot t)/2 = (a \cdot t^2)/2$$

Из практических соображений сокращения производятся в ущерб содержанию, смысл отходит на задний план, реальность перестает соответствовать своей абстракции. Это уже не истинная абстракция, а искажение, сокращение, которое игнорирует содержание и никак не служит истине. **Нельзя произвольно менять форму, если содержание не соответствует ей.** Мы всегда должны отдавать приоритет содержанию, а не форме, духовное всегда имеет приоритет над всем пространственным, потому что оно является первоисточником пространственно-материального и поэтому должно респектироваться при любых обстоятельствах.

В математике делаются сокращения, которые, к сожалению, соответствует духовному сокращению, поэтому неудивительно, что разумные ученики и частично другие люди иногда ничего не понимают, потому что их естественный, незамутненный взгляд по-прежнему сосредоточен на содержании, которое они уже не могут познать. Есть много учеников, для которых физика отнюдь не является любимым предметом в школе, потому что многое в ней кажется им непонятным. В результате они приходят к ошибочному выводу, что это происходит из-за них самих, из-за их собственной неспособности понять что-то подобное, хотя это совсем не так. Откуда же взяться мотивации для естественных наук, если фактическая потеря содержания бессознательно ощущается? Это все равно что ожидать, что ребенок обрадуется, когда его любимого питомца заменить роботом.

Позволено ли нам делать действительно все, что мы могли бы сделать? Наука как первопроходец мышления сама стала симптомом неестественного образа жизни. Это как картинки по новому комбинировать для детей, в которых переднюю часть слона комбинируют с задней частью зебры. Ведь нам не все равно, в каком порядке класть ингредиенты супа в кастрюлю или расцветает ли помидор в естественных условиях или растет в искусственной монокультуре, далекой от природы. И уж тем более не все равно, как люди могут изменять внешнюю форму даже более развитых существ, таких как, к примеру, собак, не считаясь с их волей. Представьте себе подобное с человеком... Будем надеяться, что генетические исследования и другие дисциплины всегда будут учитывать и уважать индивидуальность человека!

Действительно ли можно делать все? Вам кажется, что мои комментарии, основанные на математических уравнениях, преувеличены? Разве не все берет свое начало в чем-то малом? Даже огромная секвойя (мамонтовое дерево) возникает из крошечного семечка. Делать можно все. И людей можно убивать.

Человек с определенным спектром аутизма уже не распознает иронии в этом предложении...

Поскольку $s = (a{\cdot}t^2)/2$, как мы уже выяснили, выражает нечто неестественное, мы возвращаемся назад, к тому моменту, когда между формулой и реальностью все еще существовало естественное соответствие. Мы можем сделать это, подставив вместо ускорения скорость в единицу времени v/t, и уже эта формула будет выглядеть немного более выносимой:

$$s = (v{\cdot}t)/2$$

Мы помним, что двойка возникает из-за того, что в нашем случае мы имеем дело с ускоренным движением, и поэтому нам нужна средняя скорость.

Если мы в уравнение $E_{Kin} = F{\cdot}s$ вместо расстояния s подставим $(v{\cdot}t)/2$, то получим:

$$E_{Kin} = F{\cdot}(v{\cdot}t)/2$$

Кроме того, мы также заменим силу. $F = m{\cdot}a = m{\cdot}(v/t)$ и подставим это последнее преобразование в уравнение, тогда формула для кинетической энергии будет выглядеть следующим образом:

$$E_{Kin} = m \cdot (v/t) \cdot (v \cdot t)/2$$

После полного преобразования получаем:

$$E_{Kin} = (m \cdot v^2)/2$$

(Заметим на будущее: в данном случае ускорение происходит в пространстве. Это еще не процесс в непространстве).

Здесь мы узнаем формулу кинетической энергии снова.

Давайте еще раз подытожим: мы просто придерживались восприятия, отталкиваясь от наблюдения феномена (например, тянуть санки), и пришли через формулу $E_{Kin} = F \cdot s$ к формуле $E_{Kin} = (m \cdot v^2)/2$ для кинетической энергии, чтобы затем получить две компоненты m и v для внешнего параллелизма между $m \cdot v^2$ и $m \cdot c^2$. Мы хотим максимально приблизить форму, чтобы лучше понять существенно разное содержание двух уравнений энергии. Важно, чтобы ничто не казалось свалившимся с неба, а весь процесс со всеми формулами и их преобразованиями оставался для нас абсолютно прозрачным. В том виде, в котором формула существует на данный момент, скрытый за ней смысл, к сожалению, все еще недостаточно ясен.

Мы знаем, что для приведения тела массой m к скорости v требуется определенное количество энергии E, которое можно легко вычислить по этой формуле. Однако сама формула, как она выглядит сейчас, не дает такого понимания. Математически по форме нам удалось привести формулу к такому виду. Практически мы можем обходиться с ней, рассчитывая энергию для определенного движения в пространственно-материальном мире. Скорость тела и его массу можно наблюдать в пространстве, но энергию, потенциал же, необходимый для того, чтобы это могло произойти во внешнем пространстве – нет. Внутренний процесс, тот, который не происходит в пространственно-материальном мире, также не виден в этом исполнении $E_{Kin} = (m \cdot v^2)/2$. Не говоря уже о том, что скорость может быть умножена на саму себя, что невозможно по содержанию, которое мы уже установили на примере **t** умножить на **t**.

Поэтому, чтобы осознать ту часть процесса, которая происходит в непространственно-нематериальном мире, необходимо скорректировать описание этого закона таким образом, чтобы он отражал реальность. Преобразуем уравнение $E_{Kin} = (m \cdot v^2)/2$ (как это сделать, я покажу ниже) и получаем следующую формулу:

$E_{Kin} = (p \cdot v)/2$

Если мы теперь изучим связь между **p** и **v**, то обнаружим финальную связь. Энергия **E** соответствует импульсу **p**, который необходим для приведения тела (санки) к скорости **v**.

Это уравнение достаточно понятно для наших исследований в отношении $E = m \cdot c^2$.

К напоминанию: $p = F \cdot t$, импульс **p** – это сила **F**, действующая в единицу времени.

Теперь понятно, почему что-то вроде t^2 или v^2 не является ни возможным, ни необходимым. В нашей последней формуле мы видим, что обе стороны отношения, которое обычно называют умножением, содержат по единице времени: в формуле импульса **p** как $F \cdot t$ и в формуле скорости **v** как $a \cdot t$.

Для наших целей в этом нет необходимости, но мы могли бы

заглянуть еще глубже, что касается нашей формулы $E_{Kin} = (p \cdot v)/2$ и получить еще большее представление, рассмотрев отношения, возникающие, если мы получим путем преобразования эквивалент импульса:

$$p = 2 \cdot E_{Kin}/v$$

Для того чтобы привести тело к скорости **v**, необходимый импульс (**p** = **F·t**) имеет ту же величину/значение, что и необходимая для этого двойная энергия **E** по отношению к достигаемой скорости **v**.

Ускорение всегда вызывается импульсом, и эти два понятия в какой-то степени связаны между собой, так что вот краткое пояснение: в чем разница между ними? Импульс есть изменение действия сил в единицу времени, а ускорение есть изменение скорости также в единицу времени. (Волевой) импульс становится силой и поэтому всегда предшествует ускорению.

Важно следующее: благодаря естественному математическому выводу импульса мы можем ощутить переход от непространственно-нематериального мира ($E_{Kin} = (p \cdot v)/2$), из которого исходит импульс **p** для действия сил, к пространственно-материальному миру ($E_{Kin} = (m \cdot v^2)/2$), который содержит массу **m** тела.

Через преобразования мы скорректировали уравнение $E_{Kin} = (m \cdot v^2)/2$ так, чтобы оно соответствовало реальности и было нам понятно. Импульс существующего действия сил, который выяснился в процессе, еще будет играть в дальнейшем важную роль.

С этими знаниями давайте продолжим наши рассуждения в

направлении формулы эквивалентности и попытаемся выяснить, как была получена формула $E = m \cdot c^2$.

Что поменяется в математическом представлении уравнения $E_{Kin} = (m \cdot v^2)/2$ при увеличении приложенной энергии E? Логично, что скорость тоже будет увеличиваться.

Например, в случае внезапного молниеподобного увеличения скорости — если проследить цепочку событий точно до непространственно-нематериального мира — потребуется огромная энергия, огромный потенциал сущности, чтобы за очень короткое время совершить огромную работу, произвести взрыв. Именно в этом извержении, подобном процессу ускорения, вызывается очень большим силовым воздействием, обусловленным этим потенциалом/могуществом/способностью, которое, в свою очередь, вызывается невероятно большим (волевым) импульсом (изменением силовых действий). Ускоренное движение происходит только в течение этого чрезвычайно короткого промежутка времени, после чего больше не происходит. После этого, согласно первому закону Ньютона, мы будем наблюдать равномерное движение при условии, что никакие другие силы не действуют. Необходимо предусмотреть, что взрыв происходит в пространстве, где через воздух и другие препятствия происходит действие противодействующих сил, поэтому сработавший взрыв в какой-то момент остановится и в конечном итоге больше не будет наблюдаться никакого движения. Итак, подведем итог: сначала происходит молниеносное ускорение, а сразу после него — замедление (торможение в течении определенного времени).

В конечном счете, не имеет значения, насколько велика скорость; пока мы имеем дело с движением в пространственно-материальном мире, в котором, как и при каждом пространственном изменении положения, определенная энергия **E** обеспечивает ускорение (равнозначно изменению скорости) тела в пространстве, в этом математическом представлении ничего не изменится, кроме увеличения числовых значений. **Однако если мы имеем дело с телом, которое не ускоряется, как в случае с радиоактивным материалом, но с которым происходит нечто иное, то, разумеется, двойка в знаменателе будет опущена, поскольку здесь не нужно определять среднее значение скорости.** А без изменения скорости нет и кинетической энергии. Тогда формула должна выглядеть следующим образом:

$$E = m \cdot v^2$$

Поэтому случай с радиоактивным веществом принципиально иной. В этом случае нет движения тела, вместо этого что-то происходит с формой.

Что меняется? Внешне заметное изменение формы здесь обнаружить невозможно. Форма не меняется обычным образом. Масса вещества постепенно уменьшается, хотя и в очень малой степени. Вещество со временем исчезает. Его становится все меньше и меньше. Однако это происходит очень и очень медленно. Если, например, глыба льда тает очень медленно, то масса этой глыбы тоже будет уменьшаться со временем. Когда 1 грамм урана, так сказать, «растает», выделяется примерно столько же тепла, сколько при сжигании 3 тонн каменного угля. Для начала процесса необходимы определенные условия, при которых внешнее вещество со временем исчезнет и выделится тепло. Для угля мы знаем условия: достаточно нагреть уголь до определенной температуры и начинается процесс горения. Тепло выделяется, и все, что остается от многих тонн угля, — это зола, которая сильно отличается от первоначальной массы.

Чтобы запустить процесс нагревания урана, нужны другие условия, а именно: цепная реакция, необходимая для этого, форсируется бомбардировкой так называемыми нейтронами[3]. В итоге масса урана практически исчезает, а то, что остается, называют радиоактивными отходами.

Итак, если это вещество не имеет ускорения как такового, откуда берется скорость **v** в уравнении? Если бы это была скорость, то она логически должна была бы быть постоянной, что следует из того факта, что у нас нет ускорения, то есть нет изменения скорости и, следовательно, нет 2 в знаменателе (нет средней скорости) в уравнении, что, в свою очередь, указывает на то, что на самом деле существует силовое действие,

---

[3] На самом деле человек создает условия для практического использования процессов, вызванных неизвестным действием сил, которые основаны на волеизъявлении определенных сущностей. Из-за недостатка знаний о реальных процессах и отсутствия возможности получить знания из-за застрявшего в пространственном мышлении, он создает концептуальные модели для их объяснения, что, в свою очередь, еще глубже заманивает его в пространственно-материальный мир. В результате мыслительные модели становятся все сложнее и запутаннее, а негативная спираль этой аберрации/заблуждения укореняется все глубже, и ее все труднее преодолеть и разрешить.

которое, однако, не выражено в пространстве. Мы всегда должны приводить математику в соответствие с реальным процессом, чтобы разрыв между ними не становился все больше и больше, как в модельных представлениях физики. В физике до сих пор предпринимаются попытки найти скорость в этом случае, несмотря на очевидное отсутствие внешней скорости тела внутри вещества как движения якобы очень крошечных частиц, из которых это вещество якобы состоит. Как известно и как было подробно объяснено в главе «Смысл и бессмыслица модели атома в современной химии» (с. 204), эта воображаемая атомная модель не соответствует действительности, и мы не можем использовать ее для объяснения рассматриваемых феноменов. В пространственно-материальном мире существуют феномены, которые не требуют изменения положения; они называются процессами преобразования. Если ограничиться формальными изменениями и игнорировать контекстуальные связи и отношения, то математические процессы преобразования явно будут не в состоянии учитывать реальные факты.

Поэтому уравнение $E = m \cdot v^2$ в его нынешнем виде неприменимо к процессам, подобным тем, что происходят с радиоактивными веществами, поскольку ни внутри, ни снаружи не происходит изменения положения и связанного с ним изменения скорости. Мы могли бы говорить о скорости **v** только в том случае, если бы, как я уже сказал, скорость была постоянной, но скорости нет вообще. Вот почему мы больше не можем **v** обозначить через **«v»**, потому что мы, очевидно, больше не находимся в пространственно-материальном мире. В последнем существуют только меняющиеся скорости, либо в виде ускоряющегося, либо в виде уменьшающегося движения. Равномерная скорость может сохраняться только в течение определенного времени; тело в какой-то момент было ускорено и в какой-то момент замедлено. Через эту формулу невозможно распознать реальный процесс, происходящий в непространственно-нематериальном.

В непространственном, нематериальном мире не существует скорости в том виде, в каком мы ее себе представляем. Скорость – это изменение, т.е. изменение в пространстве, а именно меняется место, куда движется тело. Во время этого изменения само пространство остается неизменным. Скорость всегда связана с пространством и временем. Однако в нашем распоряжении больше нет пространства. Здесь мы можем говорить только о временном явлении, о быстроте превращения. С веществом что-то происходит, но это изменение не видно, потому что оно происходит в непространственном, нематериальном мире. Это преобразование является причиной тех эффектов, которые мы можем наблюдать в пространственно-материальном мире.

Если мы рассмотрим процесс так называемого радиоактивного распада, то в первую очередь обнаружим тот же принцип уменьшения вещества, что и при сжигании угля. Вычисляя отношение уменьшающегося вещества к полученной энергии, мы приходим к тому же результату, который соответствует так называемой скорости света. В связи с этим в уравнении можно использовать **c** вместо **v**. Согласно формуле $E = m \cdot c^2$, свет или нечто подобное должно двигаться с этой предполагаемой скоростью. На атомной электростанции выделяемое тепло преобразуется в электрическую энергию за счет движения турбин. В ядерной бомбе это тепло выделяется за очень короткое время, причем это тепло настолько огромно, а время настолько коротко, что это приводит к гигантскому взрыву. Материя, приведенная в движение во время этого взрыва в виде ударной волны, подчиняется законам, описываемым формулой $E = m \cdot v^2/2$ и, с одной стороны, не имеет постоянной скорости, а ускоряется, а с другой – скорость, достигнутая в результате ускорения, далека от численного значения так называемой скорости света. А когда ускорение заканчивается, сразу же наступает замедление. Как мы знаем, абсолютная (вечная) постоянная скорость не наблюдается в пространстве и невозможна. Невозможно такое и с материей, она преходяща. По логике вещей, подразумевается нечто вечное, то есть непространственное-нематериальное. **Скорость, которая подразумевается во время феномена радиоактивного распада – это не общепринятая скорость в пространстве, а быстрота образования тепла во времени, причем происходит это совершенно как-будто бы разом, одновременно.**

В любом случае воля становится импульсом, который есть не что иное, как изменение силы в единицу времени. **И это изменение силы, этот импульс происходит за невообразимо короткое время, которое подобно синапсу между первичным и вторичным временем. В этот момент воля, волевой**

импульс превращается в силу, что и является началом силовых действий, о которых мы здесь говорим. Здесь мы находимся как раз на пороге непространственно-нематериального и пространственно-материального мира.

Тело с массой **m**, радиоактивное вещество не движется так, как в случае с кинетической энергией. В пространстве мы не наблюдаем никакого движения, а значит, и никакого изменения скорости. Следовательно, **c** не может обозначать скорость, а должно обозначать что-то другое. В прежней физике **c** обозначает определенную скорость, которая является постоянной, а также наибольшую из известных скоростей.

v – это фактор изменения, поскольку речь идет об изменении. Однако если речь идет о трансформации/преобразовании, то **v** превращается, так сказать, в фактор преобразования, в эту постоянную **c**, которая, как считается, выражает некую скорость света.

$E = m \cdot c^2$ может быть выведено чисто формально математическим путем. И исходя из этого вывода, **c** КАЖЕТСЯ/ПРЕДСТАВЛЯЕТСЯ скоростью около 300 000 км в секунду, о которой говорят как о скорости света, если не принимать во внимание скрытого в этой форме содержания, а именно то, что человек внезапно, так сказать, приземляется внутри реальности из пространственно-материального мира в непространственно-нематериальный мир, «где» скорости нет. К этой формуле можно прийти и путем практических экспериментов, сравнивая массу используемого радиоактивного вещества с энергией

E, которая при этом выделяется. Составив и вычислив отношение энергии **E** к массе **m**, вы получите c^2, которое я бы назвал **коэффициентом пропорциональности**. Вы придете к результату, что c^2 **= 90 000 000 000 000**, а значит, **c** не может быть скоростью по причинам, указанным выше. Квадратный корень из этого коэффициента пропорциональности равен **c = 300 000**, что соответствует предполагаемой скорости света. Мы помним, что говорилось в главе о скорости света в этой книге (стр. 41), а именно, что свет не является материей и поэтому не может иметь скорость. Поэтому, понятие скорости света является противоречием в самом себе. Свет не является материей, не движется, а лишь проявляется то здесь, то там в пространственно-материальном мире, и между ними проходит определенное время. Расстояние при этом не играет никакой роли. Это изменение времени может происходить и в состоянии покоя, как в случае с радиоактивным распадом. **Именно такая быстрота проявления и подразумевается под постоянной c.** В одном случае, когда речь действительно идет о свете, источником феномена, находящимся в непространственно-нематериальном мире, является свет, который сам по себе прозрачен и превращается в цвет в пространственно-материальном мире с быстротой, соответствующей постоянной **c**. В другом случае – исчезновения массы — энергия, как способность/могущество сущности, превращает радиоактивное вещество в тепло с той же быстротой. Кусок урана можно представить себе как, своего рода, высоко конденсированную солнечную энергию, как «твердый свет», т.е. как выражение потенциала/могущества духовной сущности, ставшего материей. Процесс декомпрессии в виде, так называемого, радиоактивного распада вновь высвобождает эту способность/могущество в виде энергии. Быстрота становления в случае, когда становится светло или когда появляются цвета, в одном случае, происходит в разных местах пространства, а быстрота становления в случае создания/появления тепла, в другом случае, происходит в одном и том же месте, и **эта быстрота становления одинакова в обоих случаях и представлена в формуле постоянной c.**

Вот еще раз резюме и квинтэссенция того, что было сказано до сих пор: в формуле $E = m \cdot c^2$ невозможно прийти к ясному представлению об энергии и о соответствующем законе природы в целом, при котором кажущаяся скорость, которая в действительности является трансформацией, становится настолько большой, что масса начинает исчезать. В этот момент фактически начинается ВНУТРЕННИЙ процесс. Внутренний в смысле непространственности. В том, что волевой импульс становится силовым действием, требуется огромный потенциал (энергия), чтобы произошло то, что, так сказать, приведет к внутреннему горению, которое внешне проявляется как уменьшение массы. Это похоже на горение дерева, бензина и т. д., когда внешняя масса вещества также исчезает. Можно сказать, что почти вся масса вещества превращается в энергию. Однако это только кажется. **На самом деле, масса не превращается в энергию, потому что энергия уже изначально есть, ведь это способность/могущество духовной сущности, которое прежде уже существует. Правильно будет сказать:**

для того чтобы выразить этот потенциал, необходима именно эта масса именно этого вещества как условие. Благодаря силовому действию трансформации эта масса становится теплом. Следует отметить, что тепло не является энергией; скорее энергия, т.е. потенциал/способность/могущество сущности, становится теплом благодаря волевому импульсу этой сущности. Это тепло можно воспринимать и измерять как температуру. Однако энергия как способность/могущество сущности – это нечто совершенно иное. В физике понятие тепловая энергия используется как синоним к понятию тепло. Однако, если быть точным, это не так. Энергия – это энергия, тепло – это тепло. Масса в этом процессе расходуется не полностью, остаются остатки/отходы, такие как пепел в случае с деревом, определенный газ в случае с бензином и в данном случае радиоактивные вещества.

После компонентов **c** и **E** из формулы Эйнштейна давайте подробнее рассмотрим понятие массы. Возможно, с их помощью мы сможем сделать формулу эквивалентности и нами выведенную формулу еще более понятными. Что такое масса? Это то, что мы обычно изучали в школе, или что-то другое? В главе «О важности мыслительного подхода на примере с законом всемирного тяготения Ньютона» (с. 19) мы уже поняли, что масса **m** – это не что иное, как определенное силовое действие, которое необходимо для ускорения тела за определенную единицу времени, для приведения его к определенной скорости. Математическая формула для этого выглядит следующим образом:

m = F/a (F pro a)

Как мы видим, без силы **F** невозможно прийти к ясному понятию, ясному представлению о массе **m**. Поэтому разумно заменить массу **m** в обеих формулах на **F/a**. Тогда обе формулы будут выглядеть следующим образом:

$E_{Kin} = (F/a) \cdot (v^2/2)$

$E = (F/a) \cdot c^2$

Поскольку процесс в основе своей связан не с самой скоростью, а с изменением скорости или изменением, происходящим в пространстве, и поскольку квадрат скорости ни о чем не говорит, мы заменяем **v** и **c** в формуле на ускорение, умноженное на время (**v = a·t или c = a·t**). Подставляя и преобразуя, мы получаем следующие формулы:

$E_{Kin} = (F/a) \cdot ((a \cdot t)^2/2) = (F \cdot t \cdot v)/2$

$E = (F/a) \cdot (a \cdot t)^2 = F \cdot t \cdot c$

Из предыдущей главы «К более четкой концепции импульса, включая его математическую форму выражения» (с. 137) известно, что **F**, умноженное на **t**, есть не что иное, как импульс **p** (**p = F·t**). Импульс **p** — это изменение силовых действий в единицу времени. Включив в истоке феномена изначальный сущностный импульс воли, мы, наконец, снова большими шагами приближаемся к реальности. Уравнения выглядят ясными и наглядными:

$E_{Kin} = (p \cdot v)/2$

$E = p \cdot c$

Здесь мы снова узнаем финальное отношение между компонентами в так называемом умножении. Таким образом, уравнения выражаются следующим образом:

E$_{Kin}$ равно p final v на 2

Реальный смысл уравнения звучит следующим образом: Кинетическая энергия равна импульсу, необходимому для приведения тела к определенной средней скорости.

E равно p final c

Для реальной данности это означает: Энергия как способность/могущество/потенциал равна импульсу, необходимому для того, чтобы вызвать определенную быстроту, постоянную **c**, которая всегда одна и та же, и которая осуществляет трансформацию (радиоактивного вещества в нашем примере).

Путем дальнейших преобразований мы можем понять все это с другой точки зрения, сосредоточившись на скорости как пространственном явлении, и быстроты как временном явлении:

v/2 = E$_{Kin}$/p (Средняя скорость соответствует способности/потенциалу pro импульс)

c = E/p (Константа преобразования/трансформации соответствует энергии pro импульс; можно также сказать, например, что **константа преобразования/трансформации соответствует потенциалу, необходимому для (волевого) импульса**).

Первая формула говорит о скорости объекта в пространстве при изменении положения, для которого необходимо определенное количество энергии, чтобы придать объекту определенный импульс.

Во второй формуле речь идет об изменении в смысле преобразования/трансформации, речь идет не об изменении положения объекта в пространстве как такового, а об изменении уже находящегося в пространстве объекта, который испытывает импульс за счет энергии, выделившейся при взрыве.

Теперь стало ясно, что **с** не имеет никакого отношения к скорости, и уж точно не имеет отношения к несуществующей скорости света, а как постоянная преобразования/трансформации в случае с так называемым радиоактивным распадом описывает быстроту манифестации в пространственно-материальный мир. Когда речь идет о свете, мы можем лишь сказать с точки зрения этого самого мира, что он проявляется здесь или там. А для того, чтобы он мог сначала проявиться здесь, а потом в другом месте, нет необходимости в движении. Свет может проявиться здесь или там как цвета, но не как непосредственно непространственный, нематериальный феномен. Движение отсюда туда и оттуда сюда применимо только к пространственно-материальным феноменам. Что касается непространственно-нематериальных феноменов, то можно лишь сказать, что они есть/есмь. Это нечто сущностное, и это сущностное проявляется при определенных условиях, проявляется/манифестируется в них, так сказать, или само создает себе условия для своего проявления. В нашем примере появляется не свет, а другой феномен. И этот феномен проявляется таким образом, что мы можем сказать, что изменение, быстрота его проявления всегда одинакова, согласно принципу константы. **Таким образом, с — это константа, которая описывает быстроту перехода при прохождении порога между двумя мирами, причем это касается обоих направлений.** При этом **с** что-то говорит о соотношении между эквивалентностью энергии и импульса. Для того чтобы возник этот конкретный импульс, необходима совершенно конкретная энергия, т.е. определенный потенциал сущности, как необходимое условие, делающее возможным это конкретное преобразование. Импульс, в свою очередь, как мы знаем, представляет собой изменение силовых действий, которые в данном процессе трансформации характеризуются уменьшением массы урана в течение определенного времени. ЭТА КОНСТАНТА В КОНЕЧНОМ СЧЕТЕ ОПИСЫВАЕТ ИЛИ ХАРАКТЕРИЗУЕТ ПОЯВЛЕНИЕ И ИСЧЕЗНОВЕНИЕ МАТЕРИИ. Именно эти два процесса происходят в процессах, известных сегодня как ядерный синтез и ядерное деление. **Это рождение и смерть того, как дух может сгущаться/уплотнятся в материю и, наоборот, как материя может перейти в состояние духа через процесс, обратный процессу уплотнения.** Другими словами: Мы переживаем эти два противоположных процесса всегда и везде, как инкарнацию и экскарнацию.

Само становление сегодня понимается неправильно. Становление никогда не происходит только в пространственно-материальном мире, а всегда является воплощением/инкарнацией из духовного мира, *всегда* актуально и происходит в сей час, в сию минуту, в этот момент.

В каждом отдельном случае мы являемся свидетелями сущностного процесса рождения, воплощения/инкарнации, как результат волевого акта, из латинского *incarnare* «становиться плотью», т.е. становиться материей, который проявляется в пространственно-материальном мире в виде того или иного феномена. Похожим образом, мы бессознательно являемся свидетелями неизбежных процессов смерти. Все эти удивительные процессы также происходят в нас самих в каждый момент времени.

Дальнейшие книги Пьера Ализэ

Семь книг из серии НАВСТРЕЧУ ЖИВОМУ МЫШЛЕНИЮ:

Первая книга: ВЫ НЕ УСТАЛИ ОТ ЗАБЛУЖДЕНИЙ?
ИЛИ ПАРАДОКСЫ В СОВРЕМЕННОЙ НАУКЕ
ВЫХОД ЗА ПРЕДЕЛЫ СИСТЕМНОГО МЫШЛЕНИЯ
НЕПРИВЫЧНЫЙ ВЗГЛЯД НА ПРИВЫЧНЫЕ ВЕЩИ

Вторая книга: ВЫХОД НА НОВЫЙ УРОВНЬ ЧУВСТВ
ЧЕРЕЗ ПРИЗМУ НОВОГО МЫШЛЕНИЯ

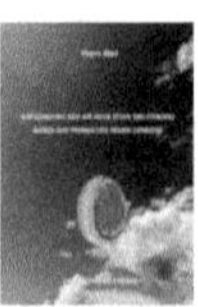

Третья книга: СИСТЕМНОЕ МЫШЛЕНИЕ –
ПУТЬ К ОШИБОЧНЫМ УМОЗАКЛЮЧЕНИЯМ, К САМООБМАНУ

Четвёртая книга: ВЫХОД НА НОВЫЙ УРОВЕНЬ ОСОЗНАННОСТИ
ВСЕЛЕНСКИХ ПРОЦЕССОВ
ЧЕРЕЗ НОВЫЙ МЕТОД МЫШЛЕНИЯ

Пятая книга: ПОСОБИЕ ПО ДУХОВНЫМ РЕГРЕССИЯМ
В ПРОШЛЫЕ ЖИЗНИ

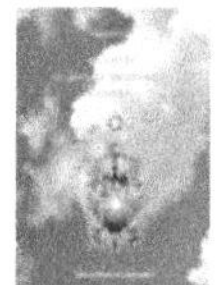

Шестая книга: НАС ВЕДУТ СВЫШЕ

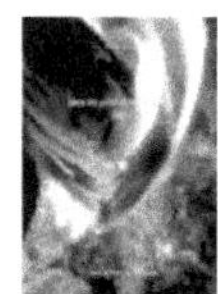

Седьмая книга: ВОЗРОЖДЕНИЕ
НАУКИ, РЕЛИГИИ И ИСКУССТВА, ТВОРЧЕСТВА/ТВОРЕНИЯ
ВОССОЕДИНЕНИЕ НАУКИ, РЕЛИГИИ И ТВОРЧЕСТВА/ТВОРЕНИЯ
В ЕДИНЫЙ ЖИВОЙ ОРГАНИЗМ

Сказка:

ПОТЕРЯННАЯ БАБУШКА

В сказке «Потерянная бабушка», которая за три года была переведена на 22 языка*, речь идет о причине всего сущего, которая все больше отходит на второй план и без которой любая концептуальная модель, какой бы изощренной она ни была, оказывается несостоятельной в науке, которая до сих пор была сосредоточена исключительно на пространственно-материальном мире.

*албанский, арабский, армянский, бернский немецкий, китайский, английский, французский, грузинский, греческий, итальянский, курдский, персидский, португальский, румынский, русский, шведский, сербохорватский, испанский, турецкий, украинский, венгерский

Перевод с русского:

СКАЗКА О РЫБАКЕ И РЫБКЕ
А.С. ПУШКИНА

Двуязычное издание немецкий - русский:

АНТРОПОСОФСКИЙ КАЛЕНДАРЬ ДУШИ

РУДОЛЬФА ШТАЙНЕР

Дальнейшая информация об авторе Пьере Ализэ

Пьер Ализэ из этнических немцев, родившегося в Сибири.
Там он закончил Барнаульский Педагогический Институт
и получил профессию учителя физики, астрономии и информатики,
и там преподавал эти предметы.

Он продолжил обучение в Людвига Максимилиана Университете в Мюнхене
и по окончании работал в качестве преподавателя
математики, физики и информатики в Баварии, а затем в Швейцарии.

Проработав несколько лет в кантоне Берн, он также изучал лечебную педагогику в
педагогическом институте в Берне и в Цюрихе,
а в настоящее время работает учителем
для детей с особыми потребностями в общеобразовательной школе.

В то же время он прошел обучение, чтобы стать квалифицированным
регрессологом по духовной регрессии в прошлые жизни
и жизнь между жизнями у Урсулы Демармелс, ведущего эксперта по регрессии в Ев-
ропе, бывшей ученицы доктора Майкла Ньютона
и исследовал эту тему с научной точки зрения в своей пятой книге.

Пьер Ализэ (Петер Финк), Швейцария
+41 76 802 15 06 (WhatsApp, Viber)
www.pierrealizé.ch
www.spiritualregression.ch
auteur@xn--pierrealiz-k7a.ch

Заметки

Заметки

Заметки